Sur l'Attraction des corps sphériques, et sur la Répulsion des fluides élastiques; par M. DE LAPLACE.

MATHÉMATIQUES.

Acad. des Sciences, 10 septembre 1821.

NEWTON a démontré ces deux propriétés remarquables de la loi d'attraction réciproque au carré de la distance: l'une, que la sphère attire un point situé au dehors, comme si toute sa masse était réunie à son centre; l'autre, qu'un point situé au dedans d'une couche sphérique, ne reçoit de son attraction aucun mouvement. J'ai fait voir dans le second livre de *la Mécanique céleste,* que parmi toutes les lois d'attraction décroissante à l'infini par la distance, la loi de la nature est la seule qui jouisse de ces proprietés : dans toute autre loi d'attraction, l'action des sphères est modifiée par leurs dimensions. Pour déterminer ces modifications, je suis parti des formules que j'ai données dans le livre cité, sur l'attraction des couches sphériques; j'en ai déduit les expressions générales de l'attraction des sphères sur des points placés au dedans ou au dehors, et les unes sur les autres. La comparaison de ces expressions conduit à ce théorème fort simple qui donne l'attraction d'une sphère sur les points intérieurs, lorsqu'on a son attraction sur les points situés au dehors, et réciproquement, quelle que soit la loi de l'attraction.

« Si l'on imagine dans l'intérieur d'une sphère, une petite sphère qui » lui soit concentrique; l'attraction de la grande sphère, sur un point » placé à la surface de la petite, est à l'attraction de la petite sphère » sur un point placé à la surface de la grande, comme la grande surface » est à la petite. Ainsi les actions de chacune des sphères sur la surface » entière de l'autre, sont égales. »

Les mêmes expressions s'appliquent évidemment aux sphères fluides dont les molécules se repoussent et sont contenues par des enveloppes. Newton a supposé entre les molécules d'air, une force répulsive réciproque à leur distance. Mais en appliquant à ce cas mes formules, je trouve que la pression du fluide à l'intérieur et à la surface, suit une loi bien différente de la loi générale des fluides élastiques, suivant laquelle la pression à températures égales est proportionnelle à la densité. Aussi Newton n'admet-il la répulsion qu'une molécule doit exercer ainsi sur les autres, que dans une très-petite étendue; mais l'explication qu'il donne de ce défaut de continuité, est bien peu satisfaisante. Il faut, sans doute, admettre entre les molécules de l'air, une loi de répulsion qui ne soit sensible qu'à des distances imperceptibles. La difficulté consiste à déduire de ce genre de forces, les lois générales que présentent les fluides élastiques. Je crois y être parvenu, en appliquant à cet objet les formules dont je viens de parler.

Je suppose que les molécules des gaz sont à une distance telle que leur attraction mutuelle soit insensible, ce qui me paraît être la propriété caractéristique de ces fluides, même des vapeurs, de celles du moins qu'une légère compression ne réduit point en partie, à l'état de liquide. Je suppose ensuite que ces molécules retiennent par leur attraction, la chaleur, et que leur répulsion mutuelle est due à la répulsion des molécules de la chaleur, répulsion dont je suppose l'étendue de la sphère d'activité, insensible. Je fais voir que, dans ces suppositions, la pression dans l'intérieur et à la surface d'une sphère formée d'un pareil fluide, est égale au produit du carré du nombre de ses molécules contenues dans un espace donné pris pour unité, par le carré de la chaleur renfermée dans une quelconque de ces molécules, et par un facteur constant pour le même gaz. Ce résultat étant indépendant du rayon de la sphère, il est facile d'en conclure qu'il a lieu, quelle que soit la figure de l'enveloppe qui contient le fluide.

J'imagine ensuite l'enveloppe de l'espace pris pour unité, à une température donnée, et contenant un gaz à la même température. Il est clair qu'une molécule quelconque de ce gaz, sera atteinte à chaque instant par des rayons caloriques émanés des corps environnants. Elle éteindra une partie de ces rayons; mais il faudra, pour le maintien de la température, qu'elle remplace ces rayons éteints, par son rayonnement propre. La molécule, dans tout autre espace à la même température, sera atteinte à chaque instant par la même quantité de rayons caloriques; elle en éteindra et elle en rayonnera la même partie. Cette quantité est donc une fonction de la température, indépendante de la nature des corps environnants; et l'extinction sera le produit de cette fonction, par une constante dépendante de la nature de la molécule ou du gaz. J'observerai ici que la quantité des rayons émanés des corps environnants, et qui forme la chaleur libre de l'espace, est, à cause de l'extrême vitesse que l'on doit supposer à ces rayons, une partie insensible de la chaleur contenue dans ces corps; comme on l'a reconnu, d'ailleurs, par les expériences que l'on a faites pour condenser cette chaleur. Maintenant, quelle que soit la manière dont la chaleur des molécules environnant une molécule donnée de gaz, agit sur la chaleur propre de cette molécule, pour en détacher une partie ou pour faire rayonner la molécule; il est visible que ce rayonnement sera en raison composée de la densité du calorique contenu dans l'espace pris pour unité, et de la chaleur propre à chaque molécule. D'ailleurs, cette raison composée est proportionnelle à la pression qu'éprouve la chaleur contenue dans une molécule de gaz, pression à laquelle on doit supposer le rayonnement de la molécule proportionnel. La densité du calorique dans le même espace est proportionnelle au nombre des molécules de gaz qu'il renferme, multiplié par la chaleur propre de chaque molécule. Ainsi le rayonnement d'une molécule du gaz, est proportionnel au produit du nombre des molécules par le carré de leur chaleur propre. En égalant ce rayonnement à l'extinction qui, comme on vient de le voir, est le produit d'une constante par la fonction de température dont j'ai parlé; on voit que le nombre des molécules de gaz, multiplié par le carré de leur chaleur propre, est proportionnel à cette fonction. Ce rapport montre que la température restant la même, la chaleur propre de chaque molécule est réciproque à la racine carrée de la densité du gaz dans ses diverses condensations; d'où il suit que, par la pression, il doit développer de la chaleur. On conçoit, en effet, que le rapprochement des molécules d'un gaz, par la pression et surtout par son changement en liquide, doit, en augmentant la force répulsive de leur chaleur, en dissiper une partie.

Maintenant, si dans l'expression donnée ci-dessus, de la pression du gaz, on substitue au produit du nombre des molécules par le carré de la chaleur propre à chaque molécule, la fonction de la température, multipliée par un facteur constant; on aura cette pression proportionnelle au produit de cette fonction, par le nombre des molécules de gaz renfermées dans l'espace pris pour unité.

Cette proportionnalité donne les deux lois générales des gaz. On voit d'abord que la température restant la même, la pression est proportionnelle au nombre des molécules de gaz, et par conséquent à sa densité. On voit ensuite que la pression restant la même, ce nombre est réciproque à la fonction de température dont il s'agit et qui, comme on l'a vu, est indépendante de la nature du gaz; d'où résulte évidemment la belle loi que M. Gay-Lussac nous a fait connaître, et suivant laquelle, sous la même pression, le même volume des divers gaz croît également par un accroissement égal de température.

On peut déduire des rapports précédents, divers théorèmes sur les gaz; tel est le suivant, qui s'accorde avec les expériences faites sur cet objet, autant qu'on doit l'attendre d'expériences aussi délicates.

« La quantité de chaleur dégagée par un volume de gaz, en passant » sous une pression déterminée, d'une température à une autre inférieure, est proportionnelle à la racine carrée de cette pression. »

Il résulte encore des rapports précédents, que la pression qu'exerce, par exemple, la vapeur aqueuse dans l'espace pris pour unité, est proportionnelle au carré de la quantité de chaleur contenue dans cet espace: d'où il suit que la pression croît dans un plus grand rapport que la quantité de chaleur, cette quantité n'étant que double, quand la pression est quadruple. Cela explique l'économie de combustible, que procurent les machines à vapeur, à grandes pressions.

Les géomètres saisiront mieux ces rapports traduits en langage algébrique.

Soit p la pression, n le nombre des molécules de gaz contenues dans l'espace pris pour unité, et c la chaleur contenue dans chaque molécule, on aura d'abord

$$p = k\, n^2 c^2,$$

k étant une quantité constante pour le même gaz. Ensuite l'extinction de la chaleur, par une molécule de gaz, étant proportionnelle au produit d'une constante dépendante de la nature du gaz, par une fonction de la température, indépendante de la nature du gaz; si nous désignons par t la température, et par $\varphi(t)$, cette fonction, l'extinction lui sera proportionnelle. Le rayonnement de la molécule est, comme on l'a vu, proportionnel à $n\, c^2$; on a donc l'équation

$$n\, c^2 = q \, . \, \varphi(t),$$

ce qui donne

$$p = n\, q \, . \, k \, . \, \varphi(t);$$

n est évidemment proportionnel à la densité du gaz, que nous désignons par ρ; on aura donc

$$p = i \, . \, \rho \, . \, \varphi(t),$$

i étant un facteur constant pour le même gaz. Pour une autre pression p', pour une autre densité ρ', et pour une autre température t', on aura

$$p' = i\, \rho' \, . \, \varphi(t'),$$

donc

$$p : p' :: \rho \, . \, \varphi(t) : \rho' \, . \, \varphi(t').$$

Si la température reste la même, on a $t = t'$; ce qui donne $\frac{p'}{p} = \frac{\rho'}{\rho}$, ou la loi de Mariote. Si la pression reste la même, on a $p = p'$: par conséquent

$$\frac{\rho}{\rho'} = \frac{\varphi(t')}{\varphi(t)};$$

et comme $\frac{\varphi(t')}{\varphi(t)}$ est indépendant de la nature du gaz, on voit que la fraction $\frac{\rho}{\rho'}$ est la même pour tous les gaz, ce qui donne la loi reconnue par M. Gay-Lussac.

Des considérations et une analyse semblables, appliquées au mélange de divers gaz qui dans ce mélange n'exercent point d'affinité les uns avec les autres, tels que l'oxigène et l'azote dans l'atmosphère, conduisent à ce théorème général, confirmé par l'expérience, et qui renferme toute la théorie de ces mélanges.

Soient, à une température quelconque donnée, p, p', p'', etc., les pressions des masses m, m', m'', etc., de divers gaz contenus séparément dans des espaces égaux; soit P la pression du mélange de toutes ces masses condensées dans l'un de ces espaces, et réduites à la température donnée; on aura :

$$P = p + p' + p'' + \text{etc.}$$

Ce théorème a lieu, quelle que soit l'intensité de la répulsion mutuelle de deux molécules appartenant à deux gaz différents, sans supposer avec M. Dalton, cette répulsion nulle, supposition qui paraît contraire à l'expérience.

Cette explication des lois générales des fluides élastiques me paraît si naturelle et si simple, que j'ose présenter aux physiciens la répulsion mutuelle des molécules de la chaleur et leur attraction par les molécules des corps, comme le principe général des forces d'où ces lois dérivent. On n'a pas besoin, pour expliquer ces lois, de connaître la loi de cette répulsion; il suffit qu'elle soit insensible à des distances sensibles, comme l'attraction dans les phénomènes capillaires et dans la réfraction de la lumière, et comme l'action des molécules de chaleur dans l'intérieur des corps.

Ces recherches peuvent être considérées comme un supplément à celles que j'ai publiées sur ce genre de forces dont dépendent presque tous les phénomènes de la physique et de la chimie.

www.ingramcontent.com/pod-product-compliance
Lightning Source LLC
LaVergne TN
LVHW050236180726
843501LV00014BA/4446

* 9 7 8 2 3 2 9 6 3 3 1 4 5 *